上海市工程建设规范

城镇污水深度处理反硝化砂滤池技术标准

Technical standard of denitrification sand filter for advanced treatment of municipal wastewater

DG/TJ 08—2351—2021
J 15647—2021

主编单位:上海市排水管理事务中心
上海市城市建设设计研究总院(集团)有限公司
批准部门:上海市住房和城乡建设管理委员会
施行日期:2021 年 8 月 1 日

同济大学出版社

2021　上海

图书在版编目(CIP)数据

城镇污水深度处理反硝化砂滤池技术标准/上海市排水管理事务中心,上海市城市建设设计研究总院(集团)有限公司主编. —上海:同济大学出版社,2021.7

ISBN 978-7-5608-7675-7

Ⅰ.①城… Ⅱ.①上… ②上… Ⅲ.①城市污水处理-反硝化作用-过滤池-建筑设计-技术标准 Ⅳ.①TU998.9-65

中国版本图书馆 CIP 数据核字(2021)第 126290 号

城镇污水深度处理反硝化砂滤池技术标准

上海市排水管理事务中心
上海市城市建设设计研究总院(集团)有限公司 **主编**

策划编辑 张平官
责任编辑 朱 勇
责任校对 徐春莲
封面设计 陈益平

出版发行 同济大学出版社 www.tongjipress.com.cn
(地址:上海市四平路 1239 号 邮编: 200092 电话:021-65985622)
经 销 全国各地新华书店
印 刷 浦江求真印务有限公司
开 本 889mm×1194mm 1/32
印 张 1.625
字 数 44 000
版 次 2021 年 7 月第 1 版 2021 年 7 月第 1 次印刷
书 号 ISBN 978-7-5608-7675-7
定 价 15.00 元

上海市住房和城乡建设管理委员会文件

沪建标定〔2021〕89 号

上海市住房和城乡建设管理委员会关于批准《城镇污水深度处理反硝化砂滤池技术标准》为上海市工程建设规范的通知

各有关单位：

由上海市排水管理事务中心、上海市城市建设设计研究总院（集团）有限公司主编的《城镇污水深度处理反硝化砂滤池技术标准》，经我委审核，现批准为上海市工程建设规范，统一编号为 DG/TJ 08—2351—2021，自 2021 年 8 月 1 日起实施。

本规范由上海市住房和城乡建设管理委员会负责管理，上海市排水管理事务中心负责解释。

特此通知。

上海市住房和城乡建设管理委员会

二〇二一年二月十日

前　言

根据上海市住房和城乡建设委员会《关于印发〈2017 年上海市工程建设规范、建筑标准设计编制计划(第二批)〉的通知》(沪建标定〔2017〕673 号)的要求,为规范本市城镇污水深度处理反硝化砂滤池设计、施工、验收及运行维护管理,制定本标准。

本标准是在总结多年来国内应用反硝化砂滤池的实践经验,参考相关标准,结合国内反硝化砂滤池设计、运行资料的基础上,广泛征求专家和使用单位的意见后编制而成。

本标准主要内容有:总则;术语和符号;基本规定;设计;施工与安装;调试与验收; 运行与维护。

各单位及相关人员在执行本标准过程中,如有意见和建议,请反馈至上海市水务局(地址:上海市江苏路 389 号;邮编:200042;E-mail:kjfzc@swj.shanghai.gov.cn)、上海市城市建设设计研究总院(集团)有限公司(地址:上海市东方路 3447 号;邮编:200125;E-mail:sucdriszy@sucdri.com)、上海市建筑建材业市场管理总站(地址:上海市小木桥路 683 号;邮编:200032;E-mail:shgcbz@163.com),以供今后修订时参考。

主 编 单 位:上海市排水管理事务中心
上海市城市建设设计研究总院(集团)有限公司

参 编 单 位:上海市青浦区排水管理所
上海复旦水务工程技术公司
南京大学
赛莱默(中国)有限公司
上海奥迪菲环境工程有限公司

主要起草人:赵国志　马小杰　陈其楠　戴维良　符福煜
雷　振　许　柯　邹　斌　邹丽敏　孙　晓
严　军　林　剑　黄　辉　汤庆丰　冼　巍
郑忆宁　张徐祥　刘　峻　李亚玲　樊　淼
韩天雪　侯亚红　朱砂砾　宣梦茹　任　军
耿晓洒

主要审查人:俞士静　吴金明　张善发　麦穗海　沈庞勇
周海燕　彭春强

上海市建筑建材业市场管理总站

目　次

Contents

1 总 则

1.0.1 为规范城镇污水处理厂深度处理反硝化砂滤池的设计及应用，符合安全可靠、技术先进、经济合理、管理方便等要求，制定本标准。

1.0.2 本标准适用于新建、扩建、改建或改造的城镇污水厂深度处理单元采用反硝化砂滤池的设计、施工与安装、调试与验收、运行与维护。

1.0.3 反硝化砂滤池工程除应符合本标准的规定外，尚应符合国家、行业及本市现行有关标准的规定。

2 术语和符号

2.1 术 语

2.1.1 反硝化砂滤池 denitrification sand filter

滤料层高度为 1.8 m～2.4 m，滤料层高度与滤料有效粒径之比大于 600，污水由上至下流动，集生物脱氮与过滤功能合二为一的滤池。

2.1.2 均质级配滤料 homogeneous graded filter media

粒径比较均匀，不均匀系数（K_{80}）一般为 1.3～1.4、不超过 1.6 的滤料。

2.1.3 有效容积 effective volume

反硝化砂滤池中滤料所占的体积。

2.1.4 反硝化容积负荷 denitrification volume loading rate

反硝化砂滤池单位体积滤料每天反硝化去除的硝态氮量。其计量单位以（$kgNO_3$-N）/（m^3·d）表示。

2.1.5 生物反硝化 bio-denitrification

污水生物处理中缺氧状态下反硝化菌将硝态氮还原成氮气，去除污水中氮的过程。

2.1.6 水力停留时间 hydraulic retention time(HRT)

填装滤料后，污水通过生物滤池滤料层的停留时间。

2.1.7 水头损失 head loss

水通过管（渠）、设备、构筑物等引起的能耗。

2.1.8 强制滤速 compulsory filtration rate

部分滤格反冲洗时，在总过滤水量不变的情况下其他滤格运行的滤速。

2.1.9 设计滤速 designed filtration rate

设计条件下单位过滤面积在单位时间内的滤过水量。

2.1.10 过滤终点 filter endpoint

终止过滤进水、开始进行滤料反冲的控制点，可采用水头损失、时间或水质来进行控制。

2.1.11 反冲洗水（气）强度 backwash water(air) Intensity

反硝化砂滤池进行反冲洗时在单位时间内通过单位面积滤料层的水（气）量。其计量单位以 $m^3/(m^2 \cdot h)$表示。

2.1.12 HDPE high density polyethylene

高密度聚乙烯，一种结晶度高、非极性的热塑性树脂。

2.2 符 号

H——滤池总高度（m）；

h_0——集水渠高度（m）；

h_1——滤砖高度（m）；

h_2——承托层高度（m）；

h_3——滤料层高度（m）；

h_4——过滤水头区高度（m）；

h_5——滤池超高（m）；

H_0——滤料填装高度（m）；

w——滤料的总体积（m^3）；

A——滤池总面积（m^2）；

Q——设计流量（m^3/d）；

ΔCN——滤池进、出水硝酸盐氮浓度差值（mg/L）；

q_{TN}——反硝化容积负荷[$(kgNO_3\text{-}N)/(m^3 \cdot d)$]；

v——设计平均滤速（m/h）。

3 基本规定

3.0.1 城镇污水处理厂的深度处理单元需同时具有生物脱氮和过滤双重功能时，宜采用反硝化砂滤池。

3.0.2 本标准所述的反硝化砂滤池应符合下列要求：

1 具有生物脱氮和过滤双重功能。

2 滤床深度为深层床，滤料层高度 1.8 m～2.4 m，滤料层高度与滤料有效粒径之比大于 600。

3 滤料种类为均质石英砂，过滤水流方向为由上向下流动。

3.0.3 反硝化砂滤池进水水质应符合表 3.0.3 的要求。

表 3.0.3 进水水质要求

序号	项目名称	单位	要求
1	水温	℃	10～35
2	pH	—	6.5～9.5
3	悬浮物(SS)	mg/L	≤40
4	化学需氧量(COD)	mg/L	≤60
5	硝态氮量(以 N 计)	mg/L	≤25
6	溶解氧含量[注]	mg/L	≤5

注：宜在进水管渠进行液位控制，并采取措施避免跌水充氧。

3.0.4 应用反硝化砂滤池时，可采用下列组合工艺流程：

1 絮凝沉淀池＋反硝化砂滤池的组合工艺流程。

城镇污水 → 二级处理 → 絮凝沉淀池* → 反硝化砂滤池 → 后续工艺

2 反硝化砂滤池＋絮凝沉淀池的组合工艺流程。

城镇污水→二级处理→反硝化砂滤池→絮凝沉淀池*→后续工艺

3 絮凝沉淀池＋反硝化砂滤池＋曝气生物滤池的组合工艺流程。

城镇污水→二级处理→絮凝沉淀池*→反硝化砂滤池→曝气生物滤池→后续工艺

4 絮凝沉淀池＋曝气生物滤池＋反硝化砂滤池的组合工艺流程。

城镇污水→二级处理→絮凝沉淀池*→曝气生物滤池→反硝化砂滤池→后续工艺

注：* 可采用絮凝沉淀池，也可采用高效沉淀池或絮凝气浮池。

3.0.5 反硝化砂滤池系统应由混合池、砂滤池、清水池、反冲洗废水收集池以及辅助其运行的碳源投加系统、反冲洗系统、动力及控制系统组成。系统工艺流程见图 3.0.5。

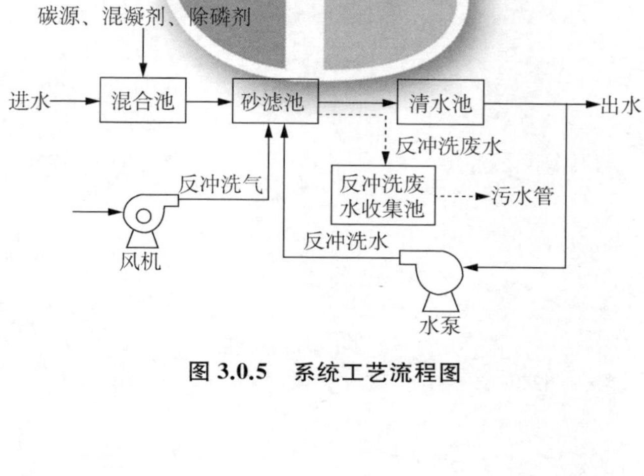

图 3.0.5 系统工艺流程图

3.0.6 反硝化砂滤池系统应采取下列措施保障出水水质安全：

1 应配置相应的在线分析仪表，根据进水量、进出水硝态氮含量及进水溶解氧含量进行反馈计算，智能控制碳源投加量。

2 可设置曝气生物滤池等后续处理构筑物。

4 设　计

4.1 滤　池

4.1.1 滤池的峰值滤速应按污水处理厂峰值流量设计；滤料有效容积应按冬季平均水温计算确定；总变化系数取值应符合现行上海市工程建设规范《城镇排水管道设计规程》DG/TJ 08—2222 的规定。

4.1.2 滤池的分格数不应少于 4 格，单格滤池过滤面积不应超过 120 m^2。

4.1.3 滤池的设计水力停留时间（HRT）不应小于 15 min；平均滤速宜取 4.5 m/h～8.0 m/h，峰值滤速及强制滤速应小于 10 m/h；滤料有效容积应按冬季平均水温设计，12 ℃反硝化容积负荷 q_{TN} 可采用 0.6（$kgNO_3$-N）/（m^3 · d）～0.9（$kgNO_3$-N）/（m^3 · d），出水 TN 允许排放浓度低时宜取下限，出水 TN 允许排放浓度高时宜取上限。

4.1.4 滤池的池型应根据进水方式、反冲洗方式、单格面积、滤料种类、滤池构造和平面布置等因素确定，一般采用矩形池。

4.1.5 滤池的长宽比应根据滤料有效容积，并结合滤池实际用地情况确定。单格滤池的长宽比宜为 1∶1～8∶1。

4.1.6 滤池冲洗前水头损失宜采用 2.0 m～2.4 m。

4.1.7 滤池的运行方式可按恒水位过滤运行或按变水位过滤运行；按生物脱氮功能运行时，宜采用恒水位过滤运行；按恒水位过滤运行时，滤料层表面以上的进水区水深不应小于 1.4 m。

4.1.8 滤池的滤料填装高度应按照占地面积、生物脱氮负荷、风机选型和滤料层阻力等因素确定，宜取 1.8 m～2.4 m。

4.1.9 滤池总高度应按下列公式计算：

1 采用 HDPE 整体滤砖时：

$$H = h_1 + h_2 + h_3 + h_4 + h_5 \tag{4.1.9-1}$$

式中：H——反硝化砂滤池总高度(m)；

h_1——滤砖高度(m)，取 0.18 m～0.35 m；

h_2——承托层高度(m)，取 0.35 m～0.50 m；

h_3——滤料层高度(m)，取 1.8 m～2.4 m；

h_4——过滤水头区高度(m)，取 1.4 m～2.0 m；

h_5——滤池超高(m)，取 0.8 m～1.2 m。

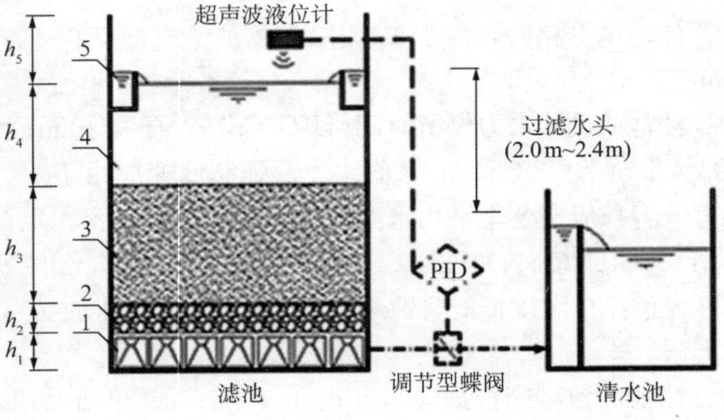

1—滤砖；2—承托层；3—滤料；4—进水区；5—配水槽

图 4.1.9-1 反硝化砂滤池构造示意图一

2 采用 HDPE(内充混凝土)滤砖时：

$$H = h_0 + h_1 + h_2 + h_3 + h_4 + h_5 \tag{4.1.9-2}$$

式中：H——反硝化砂滤池总高度(m)；

h_0——集水渠高度(m)，取 0.60 m～0.80 m；

h_1——滤砖高度(m)，取 0.18 m～0.35 m；

h_2——承托层高度(m),取 0.35 m～0.50 m;
h_3——滤料层高度(m),取 1.8 m～2.4 m;
h_4——过滤水头区高度(m),取 1.4 m～2.0 m;
h_5——滤池超高(m),取 0.8 m～1.2 m。

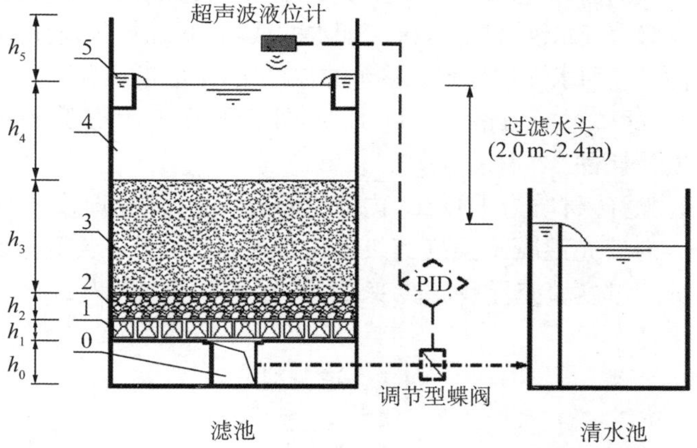

0—集水渠;1—滤砖;2—承托层;3—滤料;4—进水区;5—配水槽

图 4.1.9-2　反硝化砂滤池构造示意图二

4.1.10　当单格滤池反冲洗时,其他格滤池应能通过设计峰值流量。

4.1.11　滤池应设置放空设施;管廊内应设置集水坑及排水泵等设施。

4.1.12　相邻两格滤池宜设置溢流连通孔。连通孔宜沿滤池长度方向均布,孔径宜为 200 mm,孔底高程宜高于滤池进水槽水位 300 mm 以上。

4.1.13　清水池有效容积应根据单格滤池反冲洗所需水量及产水补水量计算确定。

4.1.14　废水池有效容积应根据单格滤池反冲洗排出废水量的 1.5 倍及废水池排水量确定,废水池排水应接至厂区污水管。厂区污水管应能满足备用污泵运行时的流量排放要求。

4.1.15 滤池采用滤砖作为气水分配装置，应符合以下要求：

1 滤砖应有足够的强度，能完全支撑滤料层、承托层重量及整个池体水压。

2 滤砖表面应光滑，每块滤砖的外形应规则，尺寸准确均匀；滤砖底部为气水混合腔，滤砖应配水配气均匀，无盲区，应能在反冲洗时将空气和水均匀分布在整个滤池区域，不应形成漩涡。

3 滤砖材质为整体 HDPE 时，外壳厚度不应小于 5 mm，且无易损易耗件。

4 滤砖材质为 HDPE（内充混凝土）时，外壳厚度不应小于 5 mm，内填充混凝土强度等级不应低于 C35，填充混凝土不应存在蜂窝或过度填充导致滤砖变形。

4.2 滤 料

4.2.1 滤料宜采用二氧化硅含量高、含泥和含杂质低、具有良好的耐磨性能和抗吸附力、使用周期长的天然海砂或高品质粗石英砂，除应满足现行行业标准《水处理用滤料》CJ/T 43 的要求外，还应满足表 4.2.1 的要求。

表 4.2.1 滤料规格参数

项目	粒径	密度	不均匀系数	莫氏硬度	盐酸可溶率
规格参数	1.70 mm～3.35 mm	≥2.6 g/cm³	≤1.40	6～7	≤3%

4.2.2 滤料填装高度（H_0）应结合滤池占地面积和生物脱氮负荷计算确定，滤料填装高度（H_0）应按下列公式计算：

$$A=\frac{Q}{24v} \tag{4.2.2-1}$$

$$w=\frac{Q\Delta CN}{1\,000q_{\text{TN}}} \tag{4.2.2-2}$$

$$H_0=\frac{w}{A} \tag{4.2.2-3}$$

式中：H_0——滤料填装高度(m)，取1.8 m～2.4 m；

w——滤料的总体积(m^3)；

A——滤池总面积(m^2)；

Q——设计流量(m^3/d)；

ΔCN——反硝化砂滤池进、出水硝酸盐氮浓度差值(mg/L)；

q_{TN}——反硝化容积负荷[($kgNO_3$-N)/(m^3 · d)]；

v——设计平均滤速(m/h)。

4.2.3 滤池承托层应符合下列要求：

1 承托层采用天然卵石，密度大于2.5 g/cm^3，含泥量小于1%，盐酸可溶率≤3%。

2 承托层粒径分布范围为3 mm～38 mm，按5层级配交替布置，每层厚度宜为70 mm～100 mm，总厚度宜为350 mm～500 mm。

4.3 反冲洗

4.3.1 滤池应采用气水联合反冲洗，应依次进行气冲洗、气-水联合冲洗、后水冲洗。气水冲洗强度和冲洗时间宜按表4.3.1采用。

表4.3.1 气水冲洗强度和冲洗时间

先气冲洗		气水同时冲洗				后水冲洗	
		气冲洗		水冲洗			
强度[m^3/(m^2 · h)]	时间(min)	强度[m^3/(m^2 · h)]	时间(min)	强度[m^3/(m^2 · h)]	时间(min)	强度[m^3/(m^2 · h)]	时间(min)
80～100	3～5	80～100	10～20	12～15	10～20	12～15	3～5

4.3.2 滤池反冲洗周期宜采用 24 h～36 h。

4.3.3 滤池驱氮周期宜采用 2 h～8 h，宜采用水冲扰动方式逐格驱氮，强度宜与水冲洗相同，单格驱氮时间宜为 2 min～4 min。

4.3.4 反冲洗水泵和鼓风机的性能参数应满足滤池反冲洗的要求；反冲洗水泵宜采用潜污泵或离心泵，反冲洗水泵数量应至少 2 台，其中 1 台备用；反冲洗鼓风机宜采用罗茨风机或螺杆风机，反冲洗鼓风机数量应至少 2 台，其中 1 台备用。

4.3.5 为防止水倒灌至风机，反冲洗空气总管管底的最高点应高于滤池池顶不小于 0.5 m。

4.3.6 反冲洗水及清水池应符合下列规定：

1 反冲洗水应采用处理后未加消毒剂的出水。

2 清水池体积应按单格滤池反冲洗水量和反冲洗周期等因素确定。

3 清水池底部应安装缓冲挡板，减少滤料的流失。

4 清水池内宜设置出水堰，维持滤池出水恒定水头和反冲洗水量。

4.4 碳源投加

4.4.1 碳源宜选择甲醇、乙酸、三水乙酸钠、葡萄糖等，设计投加量可按表 4.4.1 取值或按实验确定。

表 4.4.1 碳源投加量

碳源种类	理论投加量 (g 碳源/去除 gNO_3-N)	设计投加量 (g 碳源/去除 gNO_3-N)
甲醇	2.47	3～5
乙酸	3.33	5～7
三水乙酸钠	5.50	7～10
葡萄糖	5.40	7～10

4.4.2 碳源储量可根据平均日流量计算，考虑 3 d～10 d 储药量；大型污水处理厂宜采用液体碳源。

4.4.3 选择甲醇作为外加碳源时，加药间、储药罐防火防爆设计应符合现行国家标准《建筑设计防火规范》GB 50016 的规定。

4.5 检测与控制

4.5.1 滤池的检测仪表与自动控制系统应符合下列要求：

1 应能与污水处理厂相关控制单元和中心控制室实现通信联络和数据交换。

2 应由正常过滤子系统、反冲洗子系统、驱氮子系统、碳源投加子系统构成。

4.5.2 滤池的检测仪表设置应符合下列要求：

1 应设置流量计的地点：进水管、反冲洗水管、反冲洗气管、碳源加药管。

2 应设置液位计或液位开关的地点：滤池、清水池、反冲洗废水池。

3 应设置压力传感器或压力表的地点：反冲洗气管、压缩空气管、滤料层。

4 应设置水质分析仪的地点：进水端设置硝酸盐和溶解氧分析仪，出水端设置硝酸盐分析仪。

5 宜设置水质分析仪的地点：进水端设置 pH 计，出水端设置化学需氧量(COD)分析仪。

4.5.3 滤池的阀门设置应符合下列要求：

1 应采用开关型蝶阀的：滤池进水阀、反冲洗进水阀、反冲洗进气阀、反冲洗排水阀。

2 应采用调节型蝶阀的：滤池出水阀。

3 阀门执行机构宜采用气动，阀门宜设有开启度指示。

4.5.4 滤池的自动控制系统应按集中监视、分散控制的原则，设置现场仪表、可编程序控制器(PLC)及中控室。自动控制系统的功能应满足下列要求：

1 应具备机电设备事故状态下的安全控制功能。

2 正常过滤子系统：当采用变水位过滤运行时，宜根据时间或滤池液位确定过滤终点，并预备进行反冲洗；当采用恒水位过滤运行时，宜根据出水调节阀完全打开时为过滤终点，并预备进行反冲洗。

3 反冲洗子系统：应根据滤池出水水质指标及是否达到过滤终点，并结合清水池水位、反冲洗废水池水位判断是否启动反冲洗；反冲洗水强度应通过水泵变频或流量调节阀稳定在设定值；多格滤池先后达到过滤终点，并同时等待反冲洗时，应按照达到终点顺序依次判断并启动反冲洗程序。

4 驱氮子系统：驱氮周期宜为 2 h～8 h；滤池宜逐格驱氮，驱氮结束后等待至下一个周期。

5 碳源投加子系统：应根据进水量、进出水硝态氮含量及进水溶解氧含量进行反馈计算，智能控制碳源投加量。

5 施工与安装

5.1 池体施工及检验

5.1.1 池体施工及检验应按现行国家及上海市标准的规定执行。

5.1.2 施工前，应核对滤砖、不锈钢配气管、不锈钢堰板、滤料、承托层卵石及相关安装附件数量。

5.1.3 池体施工中，应对下列重点工序进行必要的检查和检验：

1 预埋管、预埋件满足设计要求。

2 滤池各部位规格尺寸满足设计要求及现行施工验收标准的规定。

3 按现行国家及上海市相关标准要求进行池体闭水试验。

5.1.4 采用 HDPE(内充混凝土)滤砖的滤池闭水试验合格后，滤池底部采用高强度无收缩灌浆料抹面，抹面厚度不应小于 30 mm，抹面后池底应平整密实、无裂纹，池底平整度采用出水槽预埋件控制，单格池底长度方向不应大于±6 mm，宽度方向不应大于±3 mm。

5.2 反冲洗配气管安装

5.2.1 池内布气金属件应采用不锈钢(304 或以上)材质，出厂前应做酸洗钝化处理，确认空气主管及支管内无异物碎片，支管气孔未堵塞；不锈钢配气管宜采用工厂化制造的成品配气管。

5.2.2 反冲洗配气管安装应水平、牢固，单池内反冲洗配气主管及支管的安装水平精度不应大于±2 mm。

5.2.3 滤池反冲洗不锈钢空气管道安装长度，自风机出气口至滤池进气口宜控制在 50 m 以内，应尽量减少管道弯道。

5.2.4 滤池采用整体 HDPE 滤砖时，配气主管及支管应通过安装支架固定在配水渠内部，不应干扰滤砖间的互锁功能；空气分配管及配气支管应采用特定调节支架固定于池底，该支架应能够满足上下调节以弥补土建池底不平带来的误差，同时还应能前后调节以防止热胀冷缩所带来的对管道的损坏。

5.2.5 滤池采用 HDPE(内充混凝土)滤砖时，配气主管应安装在池底的长度方向，通过法兰与反冲洗供气管连接，通过螺纹与配气支管连接，将反冲洗空气均匀地分配到滤砖中；集水渠盖板应配合配气支管的间距安装，配气支管应从集水渠盖板正中上方穿过。

5.3 滤砖安装

5.3.1 滤池采用整体 HDPE 滤砖时，滤砖安装应符合下列要求：

1 每块滤砖均带有楔形互锁连接卡扣，滤砖在滤池的平整底板上排列成行，滤砖与池壁间的缝隙及相邻滤砖间的缝隙采用细石混凝土填实，混凝土强度等级不应低于 C30。

2 单格滤池滤砖安装水平精度要求不应大于±3 mm，整座滤池滤砖安装水平精度要求不应大于±10 mm。

5.3.2 滤池采用 HDPE(内充混凝土)滤砖，滤砖安装应符合下列要求：

1 滤砖按滤池宽度方向“一”字排列安装，一端紧靠反冲洗主气方管，滤砖一排覆盖于滤池集水渠配水板的透水槽，一排覆盖于配气支管，进行交替安装，形成气水交叉混合的气水分布底盘。

2 滤砖四侧互锁卡扣紧密配合，滤砖四周 6 mm 间隙为滤后水和反冲洗气水通道。

3　单格滤池滤砖安装水平精度要求，滤池宽度方向不应大于±2 mm，滤池长度方向不应大于±5 mm，整座滤池滤砖安装水平精度不应大于±10 mm。

5.4　配气试验

5.4.1　反冲洗配气管及滤砖安装结束后，应进行配气试验。

5.4.2　配气试验所需风量不宜小于 18 $m^3/(m^2 \cdot h)$，试验时池中放入约 30 cm ～50 cm 清水，由人员下到池底逐格检查是否有漏气、堵塞及布气不均现象。

5.5　承托层及滤料装填

5.5.1　承托层介质类型应为天然卵石，装填时应按五种级配交替布置，自下而上卵石规格及级配次序应分别为 20 mm～38 mm、13 mm～20 mm、6 mm～13 mm、3 mm～6 mm、6 mm～13 mm。承托层形成夹心层，每层高度宜为 70 mm～100 mm，总填装高度宜为 350 mm～500 mm。

5.5.2　滤料介质类型应为石英砂，装填时，应均匀铺装在池内。

5.6　配套机电设备安装

5.6.1　反冲洗水泵及鼓风机的安装应符合现行国家标准《风机、压缩机、泵安装工程施工及验收规范》GB 50275 和《设备安装工程施工及验收通用规范》GB 50231 的规定。

5.6.2　开关柜及配电柜的接线应正确、连接紧密、排列整齐、绑扎牢固、标志清晰，其安装应符合现行国家标准《电气装置安装工程低压电器施工及验收规范》GB 50254 的规定，允许偏差应符合表 5.6.2的规定。

表 5.6.2 开关柜及配电柜安装允许偏差及检验方法

项次	项目	允许偏差(mm)	检验方法
1	基础型钢平面位置	10	尺量检查
2	基础型钢的标高	±10	用水准仪与直尺检查
3	基础型钢直顺度	1/1 000,全长≤5	用水准仪与直尺检查
4	基础型钢上平面水平度	1/1 000,全长≤5	用水准仪与直尺检查
5	成列全部柜顶高差	5	用水准仪与直尺检查
6	成列相邻柜顶高差	2	用水准仪与直尺检查
7	成列全部柜而不平度	5	拉钢丝检查
8	成列相邻柜面不平度	1	拉钢丝检查
9	柜之间接缝	2	拉钢丝检查
10	柜垂直度	1.5/1 000	用线坠与直尺检查

5.6.3 仪表安装应符合现行国家标准《自动化仪表工程施工及质量验收规范》GB 50093 的规定。

5.6.4 通用管道阀门安装应符合现行国家标准《工业金属管道工程施工规范》GB 50235 及《给水排水管道工程施工及验收规范》GB 50268 的规定。

6 调试与验收

6.1 一般规定

6.1.1 滤池的调试过程可分为单机调试、空载调试、系统联动调试及试运行，调试前应编制调试方案。

6.1.2 调试的设备宜包括反冲洗鼓风机、反冲洗水泵、阀门、仪表和其他在自控范围内的辅助设备。

6.1.3 空载调试过程应在设计条件下检查单格滤池的运行状况。

6.1.4 系统联动调试应在设计条件下检查设备和各自控系统性能，并应模拟设计工况试运行。

6.1.5 非通用设备的验收应满足设计文件要求，并应以最终调试达标为准。

6.2 调 试

6.2.1 调试前，应对各子系统（包括正常过滤子系统、反冲洗子系统、驱氮子系统、碳源投加子系统）的设备、管道、仪器、仪表等进行检查。

6.2.2 反冲洗水泵调试时应符合下列要求：

1 启动水泵前应至少有一个滤池的反冲洗进水阀开启。

2 运行时转子及各运动部件运转正常，管道连接牢固、无渗漏。

3 轴承、润滑油、密封液和冷却水的温度符合设备技术文件的规定。

6.2.3 反冲洗鼓风机调试时应符合下列要求：

1 启动鼓风机前至少要有一个滤池的反冲洗进气阀开启。

2 空载启动鼓风机，运转时间不小于 30 min。

3 连续负载试运行时间不小于 2 h，电流值及轴承、润滑油温度符合设备技术文件的规定。

4 鼓风机负载运行时，每次启动或关闭前，必须先打开空气总管上的放空阀。

6.2.4 滤池调试时应符合下列要求：

1 正常过滤模式时，进水流经滤料、承托层介质和布水布气系统及配水渠，然后流出滤池，滤池水位上升至设计值或出水阀门全开时，进入反冲洗模式。

2 在反冲洗模式时，滤池的进水阀和出水阀均关闭，反冲洗进水阀洗、进气阀和排水阀开启，从滤池的底部泵入空气和水，顺序为先引入空气，后引入反冲洗水。

3 在驱氮模式时，滤池驱氮采用与反冲洗相同的流水速率，对所有滤池逐一进行自动驱氮。

4 过滤功能调试与生物脱氮功能宜分开进行调试，先进行过滤功能调试，运行正常后再进行生物脱氮功能调试。

5 反硝化生物膜培养可根据进水水质情况采用微生物接种法或自然挂膜法，在调试期间应检测进、出水 SS、TN、NO_3-N、COD 等水质指标变化，评价滤池的过滤效果和生物脱氮效果。

6.3 土建与机电验收

6.3.1 滤池构筑物的混凝土、泵房工程及管线管道验收应符合现行国家标准《混凝土结构工程施工质量验收规范》GB 50204、《城市污水处理厂工程质量验收规范》GB 50334、《机械设备安装工程施工及验收通用规范》GB 50231、《给水排水管道工程施工及验收规范》GB 50268 和现行上海市工程建设规范《城镇排水工程施工

质量验收规范　第 2 部分　构筑物工程》DG/TJ 08—2110 的规定。

6.3.2　水泵、鼓风机、压缩机的验收应符合现行国家标准《风机、压缩机、泵安装工程施工及验收规范》GB 50275 的规定。

6.3.3　开关柜及配电柜的验收应符合现行国家标准《电气装置安装工程电缆线路施工及验收规范》GB 50254 的规定。

6.3.4　检测仪表与自动控制的验收应符合现行国家标准《自动化仪表工程施工质量验收规范》GB 50093 的规定。

6.4　功能验收

6.4.1　滤池功能验收检测的项目应至少包括进、出水化学需氧量(COD)、悬浮物(SS)及总氮(TN)浓度值，采样检测频率为至少每 2 h 取一次，取 24 h 混合水样以日均值计。

6.4.2　滤池出水化学需氧量(COD)、悬浮物(SS)、总氮(TN)浓度值应符合设计文件要求；设计文件未要求时，应按项目环境影响报告书(表)要求、现行国家及地方相关排放标准执行。

7 运行与维护

7.1 运 行

7.1.1 滤池的运行除应符合本标准的规定外，尚应符合现行行业标准《城镇污水处理厂运行、维护及安全技术规程》CJJ 60 的规定。

7.1.2 运行前应制定设备台账、运行记录、进出水质数据记录、定期巡视、交接班、安全检查等管理制度，制定工艺系统图、操作和维护安全规程等技术文件，制定应对冲击负荷、突发事故等应急预案。

7.1.3 各岗位的工艺系统图、操作和维护安全规程等应示于明显部位，运行人员应按规程进行系统操作，并应定期检查构筑物、设备、电器和仪表的运行情况。

7.1.4 冬季和夏季反硝化脱氮速率差异大，宜根据进、出水水质参数调整碳源投加量。

7.1.5 滤池进行反冲洗运行时应符合下列条件：

1 滤池清水池的储水量满足单次反冲洗水量要求。

2 废水池有容纳单次反冲洗废水量的空余容积，废水池液位处于高液位空余容积不足时，禁止所有反冲洗操作。

7.1.6 废水池液位与排污泵运行、反冲洗运行符合下列要求：

1 废水池液位低于低液位时，关闭正在工作的废水池排污泵，或启动滤池反冲洗操作。

2 废水池液位高于低液位时，启动废水池其中一台排污泵；当液位超过中液位时，启动另一台备用排污泵。

3 废水池液位到达高液位时，除排污泵继续工作外，停止所有反冲洗操作。

7.1.7 应定期检测进出水水质，并定期对检测仪器、仪表进行校验。

7.1.8 运行中应严格执行经常性的和定期的安全检查，及时消除事故隐患，防止事故发生。

7.2 维 护

7.2.1 应建立完整的维护、检定和修理档案，定期对各类机械设备、电气电气、自控仪表及建(构)筑物进行检修维护，并做好设备维修保养记录，确保设施稳定可靠运行。

7.2.2 滤池的维护工作应按下列要求进行：

1 每日检查阀门、水泵、鼓风机、电气仪表等运行状况，并加注润滑油和设备清洁保养。

2 每日检查反冲洗周期随时间的变化情况；如果反冲洗周期缩短，应检查反冲洗的气量和水量；如果流量正常，则应延长冲洗时间。

3 每月对阀门、水泵、鼓风机、电气仪表等检查维修一次。

4 每年对阀门、水泵、鼓风机、电气仪表等解体维修一次或部分更换损耗件并油漆一次。

7.2.3 国家强制检定的仪器、仪表，应按期送技术监督部门检定修理，非强制检定的仪器、仪表可按标准进行周期检定，定期送检。

本标准用词说明

1 为便于在执行本标准条文时区别对待，对要求严格程度不同的用词说明如下：

1） 表示很严格，非这样作不可的用词：
正面词采用“必须”；
反面词采用“严禁”。

2） 表示严格，在正常情况下均应这样做的用词：
正面词采用“应”；
反面词采用“不应”或“不得”。

3） 表示允许稍有选择，在条件许可时首先应这样做的用词：
正面词采用“宜”；
反面词采用“不宜”。

4） 表示有选择，在一定条件下可以这样做的用词，采用“可”。

2 条文中指定应按其他有关标准执行的写法为：“应符合……的规定”或“应按……执行”。

引用标准名录

1 《室外给水设计标准》GB 50013
2 《室外排水设计规范》GB 50014
3 《建筑设计防火规范》GB 50016
4 《自动化仪表工程施工及质量验收规范》GB 50093
5 《混凝土结构工程施工质量验收规范》GB 50204
6 《机械设备安装工程施工及验收通用规范》GB 50231
7 《电气装置安装工程低压电器施工及验收规范》GB 50254
8 《给水排水管道工程施工及验收规范》GB50268
9 《风机、压缩机、泵安装工程施工及验收规范》GB 50275
10 《城市污水处理厂工程质量验收规范》GB 50334
11 《城镇污水处理厂运行、维护及安全技术规程》CJJ 60
12 《水处理用滤料》CJ/T 43
13 《城镇排水工程施工质量验收规范 第2部分 构筑物工程》DG/TJ 08—2110
14 《城镇排水管道设计规程》DG/TJ 08—2222

上海市工程建设规范

城镇污水深度处理反硝化砂滤池技术标准

DG/TJ 08—2351—2021
J 15647—2021

条 文 说 明

2021　上海

目　次

Contents

1 总 则

1.0.1 说明制定本标准的宗旨目的。

反硝化砂滤池，又称反硝化深床滤池，其滤料种类为均质石英砂，滤料层高度为 1.8 m～2.4 m，滤料粒径为 1.70 mm～3.35 mm，微生物附着于石英砂表面形成生物膜，污水由上向下通过滤料层，依靠滤料表面生物膜对污水中的硝态氮进行反硝化作用实现生物脱氮，同时滤料对污水中的颗粒物进行物理截留作用实现过滤，使污水得以净化。因为反硝化砂滤池集生物脱氮与过滤功能合二为一，其在城镇污水处理厂深度处理单元应用较为广泛（国内部分反硝化砂滤池应用调研见表 1），但现有标准和规范尚缺乏反硝化砂滤池设计、施工及验收的相关规定，有必要制定一部专门针对反硝化砂滤池的技术标准。

1.0.2 规定本标准适用范围。

本标准适用于以处理生活污水为主的城镇污水处理厂，深度处理单元采用反硝化砂滤池，以去除 SS 为主，兼顾反硝化功能。部分城镇污水处理厂工业废水接入比例较高，采用反硝化砂滤池时可进行总氮（TN）组份分析，并经生产性试验验证后采用。

1.0.3 采用本标准时，应同时执行国家及上海市现行有关标准。

表 1　反硝化砂滤池应用调研表

序号	厂名	总规模(万 m^3/d)	滤池数量(座)	滤池规模(万 m^3/d)	分格数(格)	出水指标				设计滤速	执行标准
1	南京江心洲污水处理厂	67	1	67 万 m^3/d 峰值系数 1.30	36	项目	单位	进水水质	出水水质	平均滤速 7.15 m/h 峰值强制滤速 9.84 m/h	一级 A 标准(TP 可达到地表水Ⅳ类)
						SS	mg/L	≤30	≤5		
						TN	mg/L	≤20	≤10		
						NH_3-N	mg/L	≤5(8)	≤5(8)		
						TP	mg/L	≤1.0	≤0.3		
2	竹园第一污水处理厂	110	2	110 万 m^3/d 峰值系数 1.50	64	项目	单位	进水水质	出水水质	平均滤速 7.15 m/h 峰值强制滤速 10.4 m/h	一级 A 标准
						SS	mg/L	≤40	≤10		
						TN	mg/L	≤20	≤15		
						NH_3-N	mg/L	≤5(8)	≤5(8)		
						TP	mg/L	≤1.5	≤0.5		
3	上海松东水环境净化有限公司	10	1	10 万 m^3/d 峰值系数 1.30	8	项目	单位	进水水质	出水水质	平均滤速 5.54 m/h 峰值强制滤速 8.23 m/h	一级 A 标准
						SS	mg/L	≤20	≤10		
						TN	mg/L	≤25	≤15		
						NH_3-N	mg/L	≤5(8)	≤5(8)		
						TP	mg/L	≤1.0	≤0.5		

续表

<table>
<tr><th rowspan="2">序号</th><th rowspan="2">厂名</th><th rowspan="2">总规模
（万 m^3/d）</th><th rowspan="2">滤池数量
（座）</th><th rowspan="2">滤池规模
（万 m^3/d）</th><th rowspan="2">分格数
（格）</th><th colspan="4">出水指标</th><th rowspan="2">设计滤速</th><th rowspan="2">执行标准</th></tr>
<tr></tr>
<tr><td rowspan="5">4</td><td rowspan="5">上海金山新江水质净化二厂</td><td rowspan="5">7.5</td><td rowspan="5">1</td><td rowspan="5">7.5 万 m^3/d
峰值系数 1.30</td><td rowspan="5">8</td><td>项目</td><td>单位</td><td>进水水质</td><td>出水水质</td><td rowspan="5">平均滤速
5.99 m/h
峰值强制滤速 8.90 m/h</td><td rowspan="5">一级 A 标准</td></tr>
<tr><td>SS</td><td>mg/L</td><td>≤20</td><td>≤10</td></tr>
<tr><td>TN</td><td>mg/L</td><td>≤20</td><td>≤15</td></tr>
<tr><td>NH_3-N</td><td>mg/L</td><td>≤5(8)</td><td>≤5(8)</td></tr>
<tr><td>TP</td><td>mg/L</td><td>≤1.0</td><td>≤0.5</td></tr>
<tr><td rowspan="5">5</td><td rowspan="5">杭州市七格污水处理厂四期</td><td rowspan="5">30</td><td rowspan="5">1</td><td rowspan="5">30 万 m^3/d
峰值系数 1.30</td><td rowspan="5">20</td><td>项目</td><td>单位</td><td>进水水质</td><td>出水水质</td><td rowspan="5">平均滤速
6.25 m/h
峰值强制滤速 9.02 m/h</td><td rowspan="5">一级 A 标准</td></tr>
<tr><td>SS</td><td>mg/L</td><td>≤25</td><td>≤10</td></tr>
<tr><td>TN</td><td>mg/L</td><td>≤20</td><td>≤15</td></tr>
<tr><td>NH_3-N</td><td>mg/L</td><td>≤5(8)</td><td>≤5(8)</td></tr>
<tr><td>TP</td><td>mg/L</td><td>≤1.5</td><td>≤0.5</td></tr>
<tr><td rowspan="5">6</td><td rowspan="5">天津津沽污水处理厂</td><td rowspan="5">28.5</td><td rowspan="5">1</td><td rowspan="5">28.5 万 m^3/d
峰值系数 1.30</td><td rowspan="5">24</td><td>项目</td><td>单位</td><td>进水水质</td><td>出水水质</td><td rowspan="5">平均滤速
4.96 m/h
峰值强制滤速 7.04 m/h</td><td rowspan="5">天津地标
A 标准</td></tr>
<tr><td>SS</td><td>mg/L</td><td>≤20</td><td>≤5</td></tr>
<tr><td>TN</td><td>mg/L</td><td>≤15</td><td>≤10</td></tr>
<tr><td>NH_3-N</td><td>mg/L</td><td>≤1.5</td><td>≤1.5</td></tr>
<tr><td>TP</td><td>mg/L</td><td>≤0.5</td><td>≤0.3</td></tr>
</table>

续表

序号	厂名	总规模（万 m^3/d）	滤池数量（座）	滤池规模（万 m^3/d）	分格数（格）	出水指标				设计滤速	执行标准
7	合肥小仓房污水处理厂	20	2	20 万 m^3/d 峰值系数 1.30	15	项目	单位	进水水质	出水水质	平均滤速 5.17 m/h 峰值强制滤速 7.69 m/h	巢湖流域排放限值（NH_3-N、TP 可达到地表水Ⅳ类）
						SS	mg/L	≤20	≤10		
						TN	mg/L	≤15	≤5		
						NH_3-N	mg/L	≤1.5	≤1.5		
						TP	mg/L	≤0.5	≤0.3		
8	宁波新周污水处理厂	16	1	16 万 m^3/d 峰值系数 1.30	10	项目	单位	进水水质	出水水质	平均滤速 5.86 m/h 峰值强制滤速 8.46 m/h	浙江省清洁排放标准（NH_3-N、TP 可达到地表水Ⅳ类）
						SS	mg/L	≤20	≤5		
						TN	mg/L	≤15	≤10		
						NH_3-N	mg/L	≤1.5	≤1.5		
						TP	mg/L	≤0.5	≤0.3		
9	成都中和污水处理厂	5	1	5 万 m^3/d 峰值系数 1.38	6	项目	单位	进水水质	出水水质	平均滤速 5.83 m/h 峰值强制滤速 9.66 m/h	一级 A 标准
						SS	mg/L	≤20	≤10		
						TN	mg/L	≤20	≤15		
						NH_3-N	mg/L	≤5	≤5		
						TP	mg/L	≤1.0	≤0.5		

续表

序号	厂名	总规模（万 m^3/d）	滤池数量（座）	滤池规模（万 m^3/d）	分格数（格）	出水指标				设计滤速	执行标准
10	上海青浦华新污水处理厂	5	1	5 万 m^3/d 峰值系数 1.30	6	项目	单位	进水水质	出水水质	平均滤速 6.55 m/h 峰值强制滤速 10.22 m/h	一级 A 标准（NH_3-N、TP 可达到地表水Ⅳ类）
						SS	mg/L	≤20	≤5		
						TN	mg/L	≤16	≤10		
						NH_3-N	mg/L	≤1.5	≤1		
						TP	mg/L	≤0.5	≤0.3		
11	阜阳创业水务颍南污水处理厂	6	1	6 万 m^3/d 峰值系数 1.47	6	项目	单位	进水水质	出水水质	平均滤速 5.15 m/h 峰值强制滤速 9.06 m/h	一级 A 标准
						SS	mg/L	≤20	≤5		
						TN	mg/L	≤20	≤15		
						NH_3-N	mg/L	≤5(8)	≤5(8)		
						TP	mg/L	≤1.0	≤0.5		
12	义乌佛堂污水处理厂	4	1	4 万 m^3/d 峰值系数 1.30	4	项目	单位	进水水质	出水水质	平均滤速 5.23 m/h 峰值强制滤速 9.06 m/h	浙江省清洁排放标准（NH_3-N、TP 可达到地表水 III 类）
						SS	mg/L	≤20	≤5		
						TN	mg/L	≤20	≤8		
						NH_3-N	mg/L	≤1	≤1		
						TP	mg/L	≤0.5	≤0.2		

3 基本规定

3.0.1 规定反硝化砂滤池的应用条件。

反硝化砂滤池具有生物脱氮和过滤的双重功能，能将污水中的硝态氮进行反硝化还原成氮气从而降低污水中 TN 值，能将污水中的颗粒物进行物理截留从而降低污水中 SS 值。反硝化砂滤池对污水中的其他指标，如 COD、BOD_5、NH_3-N 去除能力较弱，因此反硝化砂滤池需与其他深度处理单元(如絮凝沉淀池、曝气生物滤池等)组合应用，以保证污水处理厂出水水质达到排放限值要求。

3.0.2 规定反硝化砂滤池的功能及过滤方式。

反硝化砂滤池指滤料层高度为 1.8 m～2.4 m，滤料层高度与滤料粒径之比大于 600，且污水由上向下流动的滤池；本市污水处理厂深度处理单元的生物脱氮量要求一般为 5 mg/L～10 mg/L，滤料层高度一般采用 1.8 m～2.4 m；滤料粒径为 1.70 mm～3.35 mm，滤料层高度与滤料有效粒径(d_{10})之比大于 600，滤料层高度、滤料粒径及比值三项参数同时兼顾了生物脱氮和过滤去除 SS 的需求。

3.0.3 规定反硝化砂滤池的进水水质要求。

反硝化砂滤池的进水一般为污水处理厂二级处理的出水；滤池进水悬浮物(SS)高时，造成滤池冲洗频繁，降低进水 SS 值，有利于延长滤池冲洗周期；进水硝态氮量(以 N 计)含量高时造成滤池造价高及碳源投加量大，宜强化二级处理单元的生物脱氮效果；进水溶解氧含量高时造成碳源投加量大，宜在进水管渠进行液位控制，并采取措施避免跌水充氧。

3.0.4 规定反硝化砂滤池与其他深度处理单元的组合工艺流程。

本标准提出了 4 个常用的组合工艺流程，具体工程应用时，应根据二级处理出水水质、深度处理排放限值、污染物处理对象等因素灵活组合其他处理单元。

3.0.5 规定反硝化滤池系统工艺流程图。

3.0.6 规定反硝化滤池水质安全保障措施。

配置必要的水质分析仪表，智能控制碳源投加量是必须采取的安全保障措施；在进水 TN 变化幅度大或生物脱氮量大或出水 TN 排放限值低的场合，易造成碳源超量投加、出水 BOD_5 浓度值超标，可设置曝气生物滤池作为安全保障措施。

4 设 计

4.1 滤 池

4.1.1 为确保出水稳定达标,规定峰值滤速、滤料有效容积的计算方法。

4.1.2 考虑分格反冲洗时,强制滤速不宜过大,故规定滤池不少于 4 格;考虑布水均匀性、风机选型经济性,规定单格滤池最大面积不应超过 120 m^2。

4.1.3 应根据项目特点及出水水质要求,合理确定平均滤速、峰值滤速和强制滤速;冬季水温较低时对运行效果影响较大,故规定滤料有效容积宜按冬季平均水温设计。国内部分反硝化砂滤池设计滤速见表 1。

4.1.4 考虑进出水条件及土地利用,一般建议选用矩形。

4.1.5 考虑布水均匀性,规定滤池长宽比;长宽比超过 8∶1 的池型不利于布水均匀及 SS 分布均匀。

4.1.6 控制水头损失较小时,反冲洗会过于频繁;较大时,投资与运行费用较高。

4.1.7 按生物脱氮功能运行时采用恒水位过滤运行,可减少进水渠跌水充氧,减少碳源投加量;恒水位过滤运行时滤料层表面以上水深不小于 1.4 m,可避免滤层出现负压,并保持足够的过滤水头。

4.1.8 规定滤料填装高度。

4.1.9 规定滤池总高度计算方法。

4.1.10 规定强制滤速计算流量。

4.1.12 为提高安全性，建议相邻两格滤池设置溢流连通孔。
4.1.13 规定清水池有效池容计算方法。
4.1.14 规定废水池有效池容计算方法。废水池处于高液位时，将启动所有排污泵，故污水管须考虑所有排污泵的流量。

4.2 滤 料

4.2.1 规定滤料规格参数。
4.2.2 规定滤料填装高度计算方法。
4.2.3 规定滤池承托层规格参数。

4.3 反冲洗

4.3.4 反冲洗水泵一般采用潜污泵或卧式离心泵；由位于清水池的泵将水送至滤池池底，强力反向冲洗，反冲洗水泵应考虑设置备用泵。反冲洗水泵流量根据水冲洗强度计算；反冲洗水泵扬程应综合考虑反冲洗进出水管段损失、清水池水位差损失、滤层水头损失和配水系统水头损失，并留有一定的富余扬程；反冲洗水泵数量应至少 2 台，其中 1 台备用。反冲洗鼓风机宜采用罗茨风机或螺杆风机；反冲洗鼓风机风量根据空气冲洗强度计算；反冲洗鼓风机扬程应综合考虑滤池水深、风管阻力损失、曝气装置损失、滤料层损失和消音器损失及富余压力；反冲洗鼓风机数量应至少 2 台，其中 1 台备用；鼓风机配套设备包括过滤器、消音设备、阀门及控制；鼓风机安装消音器和隔音罩，在距离 1 m 时，噪声不超过 90 dB(A)。
4.3.5 为避免水倒灌进入鼓风机，故要求反冲洗空气总管管底的最高点应高于滤池池顶不小于 0.5 m。为便于检修人员通行，一般池顶至管底的净空为 2.0 m～2.5 m。

4.4 碳源投加

4.4.1 常用碳源有甲醇、乙酸、三水乙酸钠和葡萄糖等，见表2。

表2 常用碳源一览表

碳源种类	甲醇	乙酸	三水乙酸钠	葡萄糖
结构简式	CH_3OH	CH_3COOH	$CH_3COONa \cdot 3H_2O$	$C_6H_{12}O_6$
相对分子质量	32.04	60.05	136.03	180.16
理论投加量（g碳源/去除 gNO_3-N）	2.47	3.33	5.50	5.40
设计投加量（g碳源/去除 gNO_3-N）	3～5	5～7	7～10	7～10
储存	密封保存	密封保存	密封保存	密封保存

当投加碳源为甲醇时，同时考虑同化和异化两个代谢过程的反硝化反应，则其反应式如下：

$$NO_2^- + 0.67CH_3OH + 0.53H_2CO_3 \longrightarrow 0.04C_5H_7NO_2 + 0.48N_2 + 1.23H_2O + HCO_3^- \quad (1)$$

$$NO_3^- + 1.08CH_3OH + 0.24H_2CO_3 \longrightarrow 0.056C_5H_7NO_2 + 0.47N_2 + 1.68H_2O + HCO_3^- \quad (2)$$

CH_3OH（甲醇）分子量为32，N分子量为14。因此，还原1 g NO_2^- 和 NO_3^- 为 N_2 时分别需甲醇1.53 g和2.47 g。考虑到污水中DO的影响，为使反硝化过程完全，所需甲醇量为

$$甲醇投加量 = 2.47(去除\ NO_3^-\ 量) + 1.53(去除\ NO_2^-\ 量) + 0.87DO \quad (3)$$

当投加碳源为乙酸和三水乙酸钠时：

$$NO_3^- + 4H(电子供体有机物) \rightarrow 1/2N_2 + H_2O + 2OH^- \quad (4)$$

在生物反硝化过程中，从理论上计算，每还原 1g 硝酸盐氮需 1/14×5(N 的化合价变化)×2(O 的化合价变化)×16(氧的相对分子质量)=2.86 g BOD。

由《工业中常见有机化合物的一些有关参数》得到表 3，可知 1 g 乙酸相当于 0.86 g BOD。由此计算，每还原 1 g 硝酸盐氮需 2.86/0.86=3.33 g 乙酸。

表 3 有机物换算表

有机物名称	B/C	换算成 COD 值(g/g)	换算成 BOD 值(g/g)
甲醇	0.78	1.5	1.17
乙酸	0.80	1.07	0.86
三水乙酸钠	0.90	0.58	0.52
葡萄糖	0.88	0.60	0.53

4.5 检测控制

4.5.2 规定滤池的检测仪表设置要求。

1 滤池进水单元宜采用电磁流量计或超声波流量计，反冲洗水单元宜采用电磁流量计，反冲洗空气单元宜采用热式质量流量计。

2 滤池、清水池、废水池液位宜采用超声波液位计或静压液位计。

4 反硝化砂滤池中宜测量滤料层上下之间的压差及滤池下部配水室内的压力，作为滤池正常运行及执行反冲洗程序的依据。

5 前级处理单元投加的化学除磷药剂会影响污水 pH 值，当 pH 值过低或过高，均会降低反硝化速率，故设置 pH 计。

4.5.3 规定滤池的阀门设置要求。

5 施工与安装

5.1.4 规定滤池池底施工要求，以保证滤砖安装精度。

5.2.1 池内的部件不应腐蚀进而影响滤池的使用寿命，规定全部布气部分的金属材质为不锈钢 304 或以上材质。

5.4.1 规定反硝化砂滤池在反冲洗配气管及滤砖安装之后，应进行配气试验，检查配气均匀性合格后，再进行承托层和滤料填装。